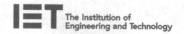

ELECTRONIC WARFARE POCKET GUIDE

电子战袖珍手册

[美]戴维·L.阿达米
(David L. Adamy) / 著

冯德军 潘小义 刘思佳 / 译

张文明 / 审校

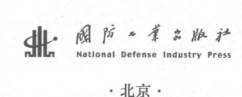

·北京·

著作权合同登记　图字：01-2023-1107号

图书在版编目（CIP）数据

电子战袖珍手册／（美）戴维·L.阿达米
（David L. Adamy）著；冯德军，潘小义，刘思佳译.
北京：国防工业出版社，2024.10.—ISBN 978-7-118-13137-6

Ⅰ. TN97-62

中国国家版本馆 CIP 数据核字第 202426XN47 号

Electronic Warfare Pocket Guide by David L. Adamy
978-1-891121-61-6
Original English Language Edition published by The IET, Copyright 2015.
All Rights Reserved.
本书简体中文版由 IET 授权国防工业出版社独家出版发行。
版权所有，侵权必究。

※

国防工业出版社出版发行

（北京市海淀区紫竹院南路 23 号　邮政编码 100048）
北京虎彩文化传播有限公司印刷
新华书店经售

*

开本 850×1168　1/32　印张 1⅜　字数 18 千字
2024 年 10 月第 1 版第 1 次印刷　印数 1—1500 册　**定价 19.00 元**

（本书如有印装错误，我社负责调换）

国防书店：(010)88540777　　书店传真：(010)88540776
发行业务：(010)88540717　　发行传真：(010)88540762

译者序

随着电子技术、信息装备在现代战场中的应用日趋广泛，电子信息技术在现代战争中的作用不断增强，地位日趋凸显。当前，电子信息已成为战争资源有效配置的关键因素，是决定战斗力的重要要素。与此相应，电子战已成为现代战争中不可缺少的重要组成部分，它贯穿于现代战争的全过程和所有作战行动之中，是决定战争胜负的关键因素。攻防对抗双方在电子领域的斗争，已催生出超越传统"陆、海、空、天"战场之外的第五维战场，而且对抗日趋激烈，博弈无处不在、无时不有。因此，正确认识电子战的基本原理，了解其基础知识，对赢得信息化战争具有十分重要的现实意义。

本书的翻译工作由冯德军牵头完成，参与翻译的还有潘小义、刘思佳，最后由张文明完成审校工作。本书可以作为电子对抗从业者、雷达工程师以及军事爱好者的实用手册，也可以作为相关领域科研人员的参考资料。

本书在翻译过程中力求忠实、准确地把握原著，保留原著的写作风格。但由于译者知识结构和水平均有限，对原著的理解难免存在差距，书中肯定存在不足之处，恳请广大读者朋友们批评指正！

译者
2024 年 1 月

目 录

- 电子战（EW）定义 ………………………………………… 1
- 电子战分类 …………………………………………………… 1
- 频率 …………………………………………………………… 1
- 天线 …………………………………………………………… 3
  - 极化损耗 …………………………………………………… 3
  - 天线效率 …………………………………………………… 4
  - 常见天线类型及典型性能 ………………………………… 5
- 无线电传播 …………………………………………………… 9
  - 菲涅耳区（FZ）距离 ……………………………………… 10
  - 传播损耗模型 ……………………………………………… 10
  - 传播模型选择 ……………………………………………… 10
  - 视距传播损耗 ……………………………………………… 11
  - 视距传播（自由空间传播）诺莫图 ……………………… 11
  - 多径传播损耗 ……………………………………………… 12
  - 多径传播损耗诺莫图 ……………………………………… 12
  - 刃峰绕射 …………………………………………………… 13
  - 刃峰绕射诺莫图 …………………………………………… 14
  - 海平面大气衰减图 ………………………………………… 14
  - 雨雾天气衰减图 …………………………………………… 15
- 接收机灵敏度 ………………………………………………… 16
  - 系统噪声系数 ……………………………………………… 17

调频（FM）信号 ·············· 19
　　　数字信号 ·············· 19
　　　有效距离（视距传播）·············· 19
　　　有效距离（多径传播）·············· 19
　　　刃峰绕射对有效距离的影响 ·············· 19

- **通信干扰** ·············· 20
　　　一般情况 ·············· 20
　　　接收机天线 360° 覆盖 ·············· 20
　　　干扰有效性 ·············· 21

- **所需 J/S 和干扰占空比** ·············· 21

- **通信电子防护（LPI 通信）** ·············· 22
　　　抗干扰增益 ·············· 22
　　　跳频 ·············· 22
　　　线性调频 ·············· 22
　　　直接序列扩频 ·············· 22

- **干扰 LPI 通信的方法** ·············· 23
　　　慢跳频 ·············· 23
　　　快跳频 ·············· 23
　　　线性调频（长扫描）·············· 23
　　　线性调频（每比特扫描）·············· 23
　　　直接序列扩频 ·············· 23
　　　局部频带干扰 ·············· 23

- **雷达特性** ·············· 24
　　　雷达距离方程（匹配滤波器）·············· 24
　　　雷达回波功率方程 ·············· 24

  雷达分辨单元 ·· 25
- **雷达干扰** ··· 25
  自卫防护干扰 ·· 26
  烧穿距离 ·· 26
  远距离支援干扰 ·· 26
  烧穿距离 ·· 27
  关于烧穿距离 ·· 27
- **雷达电子防护** ··· 27
- **一次性对抗措施** ··· 28
  箔条 RCS ··· 28
  红外诱饵弹 ·· 28
  一次性诱饵 ·· 29
  拖曳诱饵 ·· 29
- **诱饵** ··· 29
  有源诱饵 ·· 30
  RCS 已知的诱饵（固定 ERP）转发雷达信号 ···················· 30
- **分贝（dB）** ··· 31
- **图表和诺莫图说明** ··· 32
- **符号表** ··· 34
- **缩略语** ··· 35

■ 电子战（EW）定义

电子战是阻止敌方利用电磁频谱同时保护己方有效利用电磁频谱的技术与行动。

■ 电子战分类

电子战分类及相关手段如图1所示。

电子支援（ES）：接收敌方信号并支持电子进攻的行动。

电子进攻（EA）：干扰敌方雷达或通信的行动。

电子防御（EP）：降低敌方电子战有效性的雷达或通信系统的技术措施。

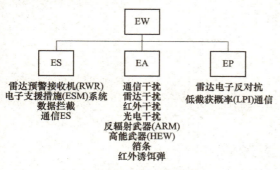

图1　电子战分类及相关手段

■ 频率

频率用 f 表示，无线电波波长如图2所示，

其中 λ 为波长，c 为光速，三者关系为 $\lambda=c/f$。
f 的单位为 Hz，λ 的单位为 m，$c=3\times10^8$m/s。

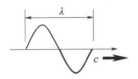

图 2　无线电波波长示意图

根据不同的用途和标准，一般将无线电波的频率进行分段划分，图 3 列出了三种划分方式。

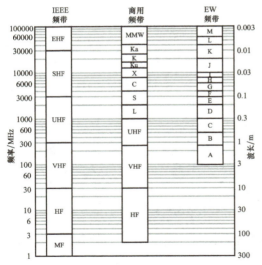

IEEE—电气电子工程师学会；MF—中频；HF—高频；
VHF—甚高频；UHF—特高频；SHF—超高频；
EHF—极高频；MMW—毫米波。

图 3　三种频率分段划分的方式

■ 天线

极化损耗

极化损耗是体现在天线增益上的,当极化匹配时无极化损耗,从任意线极化到任意圆极化,极化损耗为3dB。图4详细展示了不同极化之间的极化损耗。

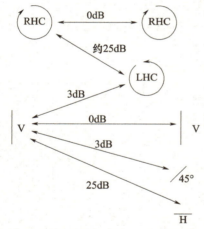

RHC—右旋(圆极化);LHC—左旋(圆极化);
V—垂直极化;H—水平极化。

图4 不同极化之间的极化损耗

55%效率的非对称抛物面天线增益(单位非dB)为

$$G = \frac{29000}{\theta_1 \times \theta_2}$$

60% 效率的非对称喇叭天线增益（单位非 dB）为

$$G = \frac{31000}{\theta_1 \times \theta_2}$$

式中：θ_1 和 θ_2 为正交 3dB 波束宽度，单位为（°）。

图 5 展示了 55% 效率抛物面天线的最大增益与 3dB 波束宽度之间的函数关系。

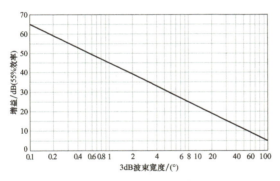

图 5　55% 效率抛物面天线的最大增益与 3dB 波束宽度关系图

天线效率

天线效率是天线在 3dB 波束宽度内发射或接收的功率占总输入或输出功率的比例。

10% 频率范围的抛物面天线效率可以达到 55%。

2~18GHz 的抛物面天线效率约为 30%。

常见天线类型及典型性能

常见天线类型及典型性能如表 1 所列，表中增益是相对于各向同性天线（或称全向天线）计算的增益，而典型性能一栏中的带宽对于不同天线的意义不同：对于普通天线，带宽意为相对带宽 $BW_R=(f_H-f_L)/f_0\times100\%$，用百分数表示；对于超宽带天线，带宽意为比值带宽 $BW_P=f_H/f_L$，用不小于 1 的数字表示。其中，f_H 与 f_L 表示天线工作频带的上限和下限，f_0 表示工作频带的中心频率，且 $f_0=(f_H+f_L)/2$。

表 1 常见天线类型及典型性能

天线类型	天线方向图	典型性能
偶极子天线	俯仰向 / 方位向	极化：沿单元取向 波束宽度：$80°\times360°$ 增益：2dBi 带宽：10% 频率范围：0 至微波频段
鞭状天线	俯仰向 / 方位向	极化：垂直极化 波束宽度：$45°\times360°$ 增益：0dBi 带宽：10% 频率范围：HF 至 UHF 频段
环形天线	俯仰向 / 方位向	极化：水平极化 波束宽度：$80°\times360°$ 增益：−2dBi 带宽：10% 频率范围：HF 至 UHF 频段

续表

天线类型	天线方向图	典型性能
法向模螺旋天线	俯仰向 / 方位向	极化：水平极化 波束宽度：45°×360° 增益：0dBi 带宽：10% 频率范围：HF 至 UHF 频段
轴向模螺旋天线	俯仰向和方位向	极化：圆极化 波束宽度：50°×50° 增益：10dBi 带宽：70% 频率范围：UHF 至低频微波频段
双锥天线	俯仰向 / 方位向	极化：垂直极化 波束宽度：(20°~100°)×360° 增益：0~4dBi 带宽：4∶1 频率范围：UHF 至毫米波频段
林登布莱德天线 (Lindenblad)	俯仰向 / 方位向	极化：圆极化 波束宽度：80°×360° 增益：-1dBi 带宽：2∶1 频率范围：UHF 至微波频段
线框天线	俯仰向 / 方位向	极化：水平极化 波束宽度：80°×360° 增益：-1dBi 带宽：2∶1 频率范围：UHF 至微波频段

续表

天线类型	天线方向图	典型性能
八木天线	俯仰向 方位向	极化：水平极化 波束宽度：90°×50° 增益：5~15dBi 带宽：5% 频率范围：VHF 至 UHF 频段
对数周期天线	俯仰向 方位向	极化：垂直或水平极化 波束宽度：80°×60° 增益：6~8dBi 带宽：10∶1 频率范围：HF 至微波频段
谐振腔螺旋天线	俯仰向和方位向	极化：左旋或右旋圆极化 波束宽度：60°×60° 增益：−15dBi（最低频） 　　　+3dBi（最高频） 带宽：9∶1 频率范围：微波频段
锥形螺旋天线	俯仰向和方位向	极化：圆极化 波束宽度：60°×60° 增益：5~8dBi 带宽：4∶1 频率范围：UHF 至微波频段
四臂锥形螺旋天线	俯仰向 方位向	极化：圆极化 波束宽度：50°×360° 增益：0dBi 带宽：4∶1 频率范围：UHF 至微波频段

续表

天线类型	天线方向图	典型性能
喇叭天线	俯仰向 方位向	极化：线极化 波束宽度：40°×40° 增益：5~10dBi 带宽：4:1 频率范围：VHF 至毫米波频段
喇叭天线（带极化转换器）	俯仰向 方位向	极化：圆极化 波束宽度：40°×40° 增益：5~10dBi 带宽：3:1 频率范围：微波频段
抛物面天线 馈源	俯仰向和方位向	极化：取决于馈源 波束宽度：0.5°~30° 增益：10~55dBi 带宽：取决于馈源 频率范围：UHF 至微波频段
相控阵 单元	俯仰向 方位向	极化：取决于单元 波束宽度：0.5°~30° 增益：10~40dBi 带宽：取决于单元 频率范围：VHF 至微波频段

◆笔记◆

无线电传播

无线电传播的典型链路如图 6 所示。

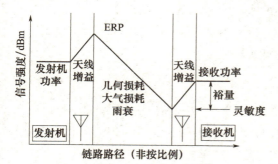

图 6 无线电传播的链路示意图

根据图 6 可计算

$$P_R = \frac{P_T G_T \times G_R}{L}$$

式中：P_R 为接收功率（W）；P_T 为发射功率（W）；G_T 为发射天线增益；G_R 为接收天线增益；L 为传播损耗。G_T、G_R、L 为比值。

接收机的接收功率也可写为

$$P_R = P_T + G_T - L + G_R$$

式中：P_T、P_R 的单位为 dBm；G_T、G_R、L 的单位为 dB。

菲涅耳区（FZ）距离

菲涅耳区距离计算：

$$FZ=(h_T \times h_R \times f)/24000 \quad (km)$$

式中：h_T 为发射天线高度（m）；h_R 为接收天线高度（m）；f 为频率（MHz）。

传播损耗模型

三个常用于电子战的损耗模型：视距传播（LOS）模型、多径传播模型、刃峰绕射（KED）模型。这些损耗均是指在无方向性（0dB 增益）的发射和接收天线之间的损耗。在 10GHz 以下，大气损耗和雨衰一般被忽略。

传播模型选择

表 2 给出了传播模型的选择策略。

表 2　传播模型的选择策略

传播路径清晰	低频、宽波束、靠近地面	链路长于菲涅耳区	使用多径传播模型
		链路短于菲涅耳区	使用视距传播模型
	高频、窄波束、远离地面		
传播路径被地形阻塞	刃峰绕射带来额外损耗		

视距传播损耗（也称为自由空间损耗或扩散损耗）是频率和距离的函数。

多径传播损耗（被地面或水面的反射波抵消）是距离和收发天线高度的函数，而非频率的函数。

刃峰绕射损耗（由发射端与接收端之间的山脊地形导致的损耗）可附加到视距传播损耗。

视距传播损耗

$$L = \frac{(4\pi)^2 D^2}{\lambda^2}$$

式中：L 为比值；D、λ 单位为 m。

视距传播损耗也可写为

$$L = 32.44 + 20\log(f) + 20\log(D)$$

式中：L 的单位为 dB；f 的单位为 MHz；D 的单位为 km。

视距传播（自由空间传播）诺莫图

诺莫图是一种较为便捷的作图计算工具，图 7 所示的诺莫图可用于视距传播模型中的参数计算。

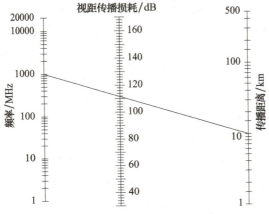

图 7 视距传播(自由空间传播)诺莫图

多径传播损耗

图 8 为多径传播模型。

$$L = \frac{D^4}{h_T^2 h_R^2}$$

式中:L 为比值;D、h_T、h_R 的单位为 m。

$$L = 120 + 40\log(D) - 20\log(h_T) - 20\log(h_R)$$

式中:L 的单位为 dB;D 的单位为 km;h_T、h_R 的单位为 m。

多径传播损耗诺莫图

图 9 是多径传播损耗模型下的诺莫图。

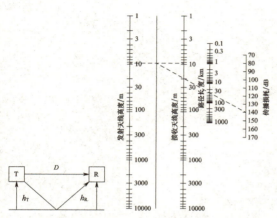

图8 多径传播模型　　图9 多径传播损耗诺莫图

刃峰绕射

刃峰绕射模型如图10所示,发射机、接收机与刃峰的距离分别为 d_1 和 d_2。图中,d 为与 d_1 和 d_2 相关的量,计算方法为 $d=[\sqrt{2}/(1+d_1/d_2)]d_1$,或 $d=d_1$(损失约 1.5dB 的精度)。

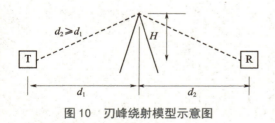

图10　刃峰绕射模型示意图

刃峰绕射诺莫图

刃峰绕射模型的诺莫图如图 11 所示。

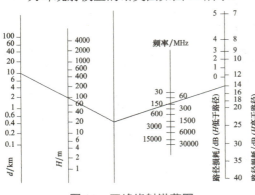

图 11　刃峰绕射诺莫图

海平面大气衰减图

图 12 为海平面大气衰减图。

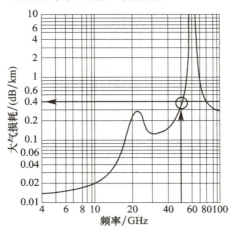

图 12　海平面大气衰减图

雨雾天气衰减图

图13为雨雾天气衰减图,其中A、B、C、D、E、F、G、H分别代表不同程度的雨雾天气。表3中给出了各符号具体代表的天气状况。

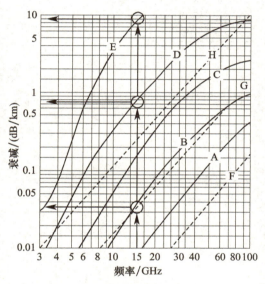

图13 雨雾天气衰减图

表3 雨雾天气说明

雨	B	1.0mm/h	0.04in/h	小雨
	C	4.0mm/h	0.16in/h	中雨
	D	16mm/h	0.64in/h	大雨
	E	100mm/h	4.0in/h	暴雨

续表

雾	F	0.032g/m³	能见度大于600m
	G	0.32g/m³	能见度约120m
	H	2.3g/m³	能见度约30m

注：1in=2.54cm。

■ 接收机灵敏度

接收机灵敏度的定义可由图14得知，灵敏度可根据 $S=kTB+NF+RFSNR$ 计算，其中 S 为接收机灵敏度，kTB 为接收机热噪声（k 为玻耳兹曼常数，T 为热力学温度，B 为带宽），NF 表示噪声系数，RFSNR 为检波前信噪比。S、kTB 单位为 dBm，NF、RFSNR 单位为 dB。

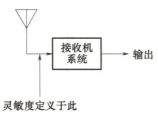

图14 接收机灵敏度定义

kTB 可由 $kTB=-114+10\log(BW/1MHz)$ 计算，其中 BW 为系统带宽。

灵敏度是接收机可提供足够输出信噪比（SNR）的天线处的最小信号水平。最小可辨别信号（MDS）是使检波前信噪比（RFSNR）达到 0dB 的信号水平。S、kTB、NF、RFSNR、MDS 之间的关系如图 15 所示。

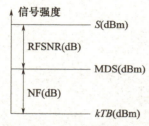

图 15　灵敏度相关量的关系

系统噪声系数

图 16 展示了接收端链路的损耗与噪声情况，其中 L_1、L_2 为损耗值（dB），PA 为前置放大器，N_P 为 PA 的噪声系数（dB），G_P 为 PA 的增益（dB），N_R 为接收机噪声系数（dB）。计算系统噪声系数 NF 时，可分为有无 PA 两种情况计算：

无 PA 时：$NF = L_1 + N_R$。

有 PA 时：$NF = L_1 + N_P + \text{Deg}$。

两个计算式中的各量单位均为 dB，Deg 意为衰减值，表示 PA 之后链路的等效噪声系数。图 17 可用于估计接收端系统噪声系数。

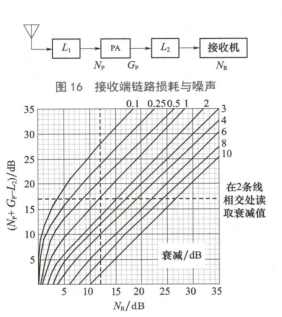

图 16 接收端链路损耗与噪声

图 17 接收端系统噪声系数曲线

表 4 给出了几种常见信号的信噪比需求。

表 4 信噪比需求

信号类型	RFSNR	输出信噪比
脉冲信号（专家处理）	8dB	8dB
脉冲信号（计算机分析）	15dB	15dB
电视广播	40dB	40dB
调幅（AM）信号	10~15dB	10~15dB
调频（FM）信号	4dB 或 12dB	15~40dB
数字信号	约 12dB	SQR

注：SQR 表示信号量化误差比。

调频（FM）信号

使用锁相环（PLL）鉴频器时有 4dB 调频增益。

使用调谐鉴频器时有 12dB 调频增益。

调频增益大于 RFSNR 时：

$IF_{FM}=5+20\log(\beta)$；输出 $SNR=RFSNR+IF_{FM}$。

数字信号

RFSNR 由比特误码率决定，输出 SNR 由数字化方式决定。

有效距离（视距传播）

$$20\log(R_E)=P_T+G_T-32.44-20\log(F)+G_R-S$$
$$R_E=\log^{-1}[20\log(R_E)/20]$$

有效距离（多径传播）

$$40\log(R_E)=P_T+G_T-120+20\log(h_T)+20\log(h_R)+G_R-S$$
$$R_E=\log^{-1}[40\log(R_E)/40]$$

式中：R_E 的单位为 km；P_T、S 的单位为 dBm；G_T、G_R 的单位为 dB；h_T、h_R 的单位为 m。

刃峰绕射对有效距离的影响

由于有效距离影响发射机与/或接收机相对于山脊线的位置，因此最好在几何关系确定之后计算刃峰绕射损耗，然后在添加刃峰绕射损耗后重新计算有效距离。

通信干扰

图 18 所示为通信干扰场景。

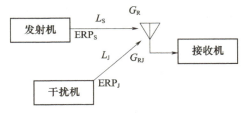

图 18　通信干扰场景示意图

图中的符号含义如下：

ERP_J：干扰机有效辐射功率。

ERP_S：发射机有效辐射功率。

L_S：发射机到接收机的传播损耗。

G_R：接收机天线对发射机的增益。

L_J：干扰机到接收机的传播损耗。

G_{RJ}：接收机天线对干扰机的增益。

一般情况

$$J/S = ERP_J - ERP_S - L_J + L_S + G_{RJ} - G_R$$

式中：J/S 为干信比。

接收机天线 360° 覆盖

$$J/S = ERP_J - ERP_S - L_J + L_S$$

信号或干扰链路的损耗可以基于视距传播（自由空间传播）模型、多径传播模型、刃峰绕射模型中的任意传播模型，且必要时应包括海平面大气衰减和雨雾天气衰减。

干扰有效性

注意到上述公式和后续的雷达干扰公式都假设了所有的干扰功率在目标接收机的带宽之内，而且干扰信号具有与期望信号相同的处理增益。因此，实际在计算干信比 J/S 时必须考虑上述两个因素并进行适当调整。

■ 所需 J/S 和干扰占空比

针对模拟调制：要求 J/S 为 10dB 且占空比为 100% 来确保完全中断目标链路。

针对数字调制：要求 J/S 为 0dB 且占空比为信息周期的 20%~33%（例如一个语音通信的音节为一个信息周期），这样可以产生足够的比特误码来阻止通信。

以上 J/S 都是指考虑了接收机处理增益和干扰损耗的干信比。

◆笔记◆

■ 通信电子防护（LPI通信）

抗干扰增益

相比于具有相同信息带宽的传统非低截获概率（LPI）信号，需求的总干扰功率之比。

跳频

需要数字调制，慢跳频是指跳频速率低于信息比特率，即每一跳可连续传输几信息比特，快跳频是指跳频速率高于信息比特率，即一信息比特需要多跳来传输。

抗干扰增益＝跳频范围/信息带宽

线性调频

需要数字调制，以非常高的速率扫频。

抗干扰增益＝扫频范围/信息带宽

长扫描每次扫描多个信息比特，可以是伪随机扫描同步和/或非线性扫描。

每比特扫描是在每一个信息比特上的单向或双向扫描，可在压缩滤波器中检测。

直接序列扩频

需要数字调制，采用高速率伪随机码二次调制。

抗干扰增益 = 扩频编码速率 / 信息编码速率

■ 干扰LPI通信的方法

慢跳频

采用跟随式干扰机,该干扰机由应用快速傅里叶变换(FFT)的数字接收机驱动。

局部频带干扰。

快跳频

局部频带干扰。

线性调频(长扫描)

局部频带干扰。

线性调频(每比特扫描)

为所有比特匹配"1"或"0"的扫描波形。

直接序列扩频

连续波干扰或脉冲干扰。

可提供足够的干信比(J/S)来克服抗干扰增益并使解扩后的干信比达到0dB。

局部频带干扰

将干扰功率分散到多个信道来达到0dB

的 J/S。一般来说,这可以提供最佳跳频或线性调频干扰性能。

◆ 笔记 ◆

■ 雷达特性

以最简单的单站雷达目标探测为例进行分析,如图 19 所示。

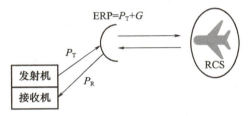

图 19 单站雷达目标探测示意图

雷达距离方程(匹配滤波器)

$$\frac{P_P \tau G_T \sigma A_R}{(4\pi)^2 R^4 k T_S L} = 20$$

雷达回波功率方程

$$P_R = \frac{P_T G^2 \lambda^2 \sigma}{(4\pi)^3 R^4}$$

在雷达距离方程和雷达回波功率方程中,P_P 为发射机峰值功率,P_T、P_R、P_P 单位为 W,G、L 为比值,R、λ 单位为 m,τ 单位为 s,T_S 单位为 K,σ、A_R 单位为 m^2。

雷达回波功率方程还可以写为

$P_R = P_T + 2G - 103 - 20\log f - 40\log R + 10\log \sigma$ (dB)

式中：P_T、P_R 单位为 dBm；G 单位为 dB；f 单位为 MHz；R 单位为 km；σ 单位为 m^2。

雷达分辨单元

雷达分辨单元示意图如图 20 所示。

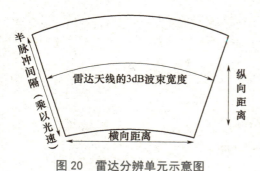

图 20 雷达分辨单元示意图

■ 雷达干扰

对非 dB 形式：

J/S、G、G_M（主瓣增益）、G_S（旁瓣增益）为比值，ERP_J、ERP_S 单位为 W，R、R_T、R_J 单位为 m，σ 单位为 m^2。

对 dB 形式：

J/S 单位为 dB，G、G_M、G_S 单位为 dBi，ERP_J、ERP_S 单位为 dBm，R、R_T、R_J 单位为 km，σ 单位为 m^2。

自卫防护干扰

图 21 所示为自卫防护干扰场景的示意图。

图 21　自卫防护干扰示意图

注意到此时 G 即是 G_M，干信比的计算式为

$$J/S=(4\pi \text{ERP}_J R^2)/(\text{ERP}_S \sigma)$$

$J/S=\text{ERP}_J-\text{ERP}_S+71+20\log R-10\log \sigma$　（dB）

烧穿距离

$$R_{BT}=\sqrt{(\text{ERP}_S\sigma)/(4\pi \text{ERP}_J)}$$

$20\log R_{BT}=\text{ERP}_S-\text{ERP}_J-71+10\log (\text{RCS})+$
$\qquad J/S\,(\text{Rqd})$　（dB）

$R_{BT}=\log^{-1}[(20\log R)/20]$　（dB）

式中：RCS 为雷达截面积；$J/S\,(\text{Rqd})$ 为要求的干信比。

远距离支援干扰

图 22 所示为远距离支援干扰场景的示意图。

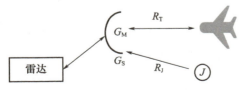

图 22　远距离支援干扰示意图

$$J/S=(4\pi \text{ERP}_J G_S R_T^4)/(\text{ERP}_S G_M R_J^2 \sigma)$$
$$J/S=\text{ERP}_J-\text{ERP}_S+71+G_S-G_M+40\log R_T-$$
$$20\log R_J-10\log(\text{RCS}) \quad (\text{dB})$$

烧穿距离

$$R_{BT}=\sqrt[4]{(\text{ERP}_S G_M R_J^2 \sigma)/(4\pi \text{ERP}_J G_S)}$$
$$40\log R_T=\text{ERP}_S-\text{ERP}_J-71-G_S+G_M+40\log R_T-$$
$$20\log R_J+10\log(\text{RCS})+J/S\,(\text{Rqd}) \quad (\text{dB})$$
$$R_{BT}=\log^{-1}[(40\log R_T)/40] \quad (\text{dB})$$

关于烧穿距离

实际上,烧穿距离是雷达重新捕获目标的距离,但通常通过使干扰有效的最小 J/S 来计算。

■ 雷达电子防护

超低旁瓣:在旁瓣干扰中,降低 J/S 并增大烧穿距离。

旁瓣对消:降低连续波旁瓣干扰。

旁瓣消隐:消除脉冲旁瓣干扰。

反交叉极化:降低交叉极化(康登)波瓣。

脉冲压缩:使 J/S 降低脉冲压缩比的大小(干扰机具备脉冲压缩调制波形的除外)。

单脉冲雷达:对抗多脉冲角度欺骗。

脉冲多普勒雷达:检测非相干干扰,检测

◆笔记◆

箔条，需要相干干扰应对。

宽 – 限 – 窄电路（Dicke-Fix）：对抗自动增益控制（AGC）干扰。

烧穿模式：增加功率或占空比来提高烧穿距离。

频率捷变：需要干扰能量扩散到覆盖整个传输频带。

脉冲重复频率（PRF）抖动：需要更长的覆盖脉冲。

干扰自动跟踪：使自防护干扰失效，并威胁防区外干扰机（SOJ）。

■ 一次性对抗措施

箔条 RCS

1 个偶极子的 RCS（平均值）为 $\sigma_1=0.15\lambda^2$，偶极子长度为 $0.46\lambda \sim 0.48\lambda$，偶极子指向随机。

箔条云或雷达分辨单元中的所有偶极子（N 个）的 RCS（如果箔条云更大）如下：

间隔为 λ 时，$RCS=0.925N\sigma_1$。

间隔为 2λ 时，$RCS=0.981N\sigma_1$。

宽间隔时，$RCS=N\sigma_1$。

红外诱饵弹

早期的红外诱饵弹温度远高于热跟踪导

弹的目标热源。由于红外线的能量波长比的斜率随温度而变化，因此使用 2 色传感器就可以分辨出红外诱饵弹。而 2 色或低温红外诱饵弹可与目标能量波长比的斜率相匹配。

一次性诱饵

可用于保护舰船和航空器，通常具有比目标更大的 RCS，在雷达分辨单元内时，捕获跟踪雷达，并使分辨单元远离目标。

拖曳诱饵

在雷达捕获范围的雷达分辨单元内，但是在导弹弹头的爆炸半径之外。

■ 诱饵

图 23 为无源角反射器示意图，其诱饵的 RCS 为

$$RCS = \frac{15.59 L^4}{\lambda^2}$$

图 23　无源角反射器示意图

有源诱饵

$$RCS(dBsm) = 39 + G - 20\log(f)$$

式中：L、λ 的单位为 m；f 的单位为 MHz。

图 24 所示为恒定增益诱饵的 RCS 与频率及增益的关系。

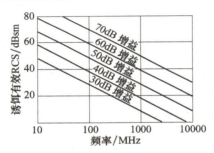

图 24　恒定增益诱饵的 RCS

RCS 已知的诱饵（固定 ERP）转发雷达信号

图 25 所示为诱饵转发雷达信号的示意图。

图 25　诱饵转发雷达信号示意图

$$RCS(dBsm) = 71 + ERP_J - ERP_R + 20\log(R_D)$$

式中：ERP_J、ERP_R 的单位为 dBm；R_D 的单位为 km。

分贝（dB）

N 为比值，将其写作 dB 形式为

$$N(\text{dB})=10\lg(N)$$

特殊情况：N 为电压比值时，有

$$N(\text{dB})=20\lg(N)$$

表 5 中解释了 dBm、dBW、dBsm 和 dBi 的意义。

表5　几个单位的含义

dBm	功率 /1mW 的 dB 值	信号强度
dBW	功率 /1W 的 dB 值	信号强度
dBsm	面积 /1m^2 的 dB 值	RCS 和天线口径
dBi	天线增益/无方向性天线增益的 dB 值	天线增益

下面给出几组换算关系，其中字母后的 (dB) 表示已换算为 dB 形式，否则为数值或比值。

$$N=10^{[N(\text{dB})/10]}=\log^{-1}[N(\text{dB})/10]$$
$$N(\text{dBm})=N(\text{dBW})+30\text{dB}$$
$$A(\text{dB})\pm B(\text{dB})=C(\text{dB})$$
$$A(\text{dBm})\pm B(\text{dB})=C(\text{dBm})$$
$$A(\text{dBm})-B(\text{dBm})=C(\text{dB})$$
$$A(\text{dB})\pm 10\log(B)=C(\text{dB})$$

当 B 在方程中按平方计算时（如电压），有

$$A(\text{dB}) \pm 20\log(B) = C(\text{dB})$$

◆ 笔记 ◆

■ 图表和诺莫图说明

图 5 55% 效率抛物面天线的最大增益与 3dB 波束宽度关系图：

从 3dB 波束宽度轴向上到 55% 效率线画直线，然后向左对应到最大增益。注意抛物面天线可以具有图线左边的值，但不会具有图线右边的值。

图 7 视距传播（自由空间传播）诺莫图：

从距离轴（km）到频率轴（MHz）画直线。在中间的刻度上读出损耗数值（dB）。

图 9 多径传播损耗诺莫图：

从发射天线高度轴（m）到接收天线高度轴（m）画直线，然后从分隔线画线穿过距离轴（km），最后在右侧的传播损耗轴读取损耗数值（dB）。

图 11 刃峰绕射诺莫图：

从左侧 d 轴（km）穿过 H 轴画线到指示线（注意 H 可能高于或低于刃峰处）。从指示线交点穿过频率轴（MHz）画线到右侧的刻度轴，在右侧刻度轴上读出刃峰绕射损耗值（dB），该值应高于 LOS 损耗值。如果 H 高于

刃峰处，则使用左侧的刻度，反之则使用右侧的刻度。

图 12　海平面大气衰减图：

从频率轴向上到曲线画一条垂线，然后向左对应到每千米损耗值。

图 13　雨雾天气衰减图：

从图中找到合适的曲线，从频率轴向上画一条直线到曲线，然后向左对应到每千米衰减值。

图 17　接收端系统噪声系数曲线：

从 N_R 轴画垂线，从 $G_P+N_P-L_2$ 轴画水平线，两条线交叉于适当的衰减值曲线。

图 24　恒定增益诱饵的 RCS：

从频率轴向上到增益线画直线，然后向左对应到诱饵 RCS。

◆笔记◆

■ 符号表

P_T	发射机功率（dBm）
P_R	接收功率（dBm）
G_T	发射天线增益
G_R	接收天线增益
G_M	天线主瓣最大增益
G_S	天线平均旁瓣增益
L	传播损耗（任意模型）
f	频率（MHz）
D	链路距离（km）
d	刃峰绕射诺莫图的距离输入
d_1	发射机到刃峰的距离
d_2	刃峰到接收机距离
h_T	发射天线高度（m）
h_R	接收天线高度（m）
S	灵敏度（dBm）
λ	波长（m）
c	光速（3×10^8 m/s）
R	距离
R_E	有效距离
R_J	距干扰机距离
R_T	距目标距离
σ	雷达截面积
τ	脉冲宽度

k	玻耳兹曼常数
T_S	系统温度（K）

■ 缩略语

AGC	automatic gain control	自动增益控制
ARM	anti-radiation missile	反辐射武器
BW	bandwidth	带宽
EA	electronic attack	电子进攻
EHF	extremely high frequency	极高频
EP	electronic protection	电子防护
ERP	effective radiated power	有效辐射功率
ES	electronic support	电子支援
ESM	electronic support measures	电子支援措施
EW	electronic warfare	电子战
FFT	fast Fourier transform	快速傅里叶变换
FM	frequency modulation	频率调制（调频）
FZ	Fresnel zone	菲涅耳区
HEW	high energy weapons	高能武器
HF	high frequency	高频
IEEE	institute of electrical and electronics engineers	电气电子工程师协会
IF_{FM}	FM improvement factor	调频提升因子
KED	knife edge diffraction	刃峰绕射
LHC	left hand circular (polarization)	左旋（圆极化）

LOS	line of sight		视距传播
LPI	low probability of intercept		低截获概率
MDS	minimum discernable signal		最小可辨别信号
MF	medium frequency		中频
MMW	millimeter wave		毫米波
NF	noise figure		噪声系数
PA	preamplifier		前置放大器
PLL	phase locked loop		锁相环
PRF	pulse repetition frequency		脉冲重复频率
RCS	radar cross section		雷达截面积
RFSNR	predetection signal to noise ratio		检波前信噪比
RHC	right hand circular (polarization)		右旋（圆极化）
RWR	radar warning receiver		雷达预警接收机
SHF	super high frequency		超高频
SNR	signal to noise ratio		信噪比
SOJ	stand-off jammer		防区外干扰机
SQR	signal to quantization error ratio		信号量化误差比
UHF	ultra high frequency		特高频
VHF	very high frequency		甚高频